NOTICE

SUR LE

TERRAIN ANTHRAXIFÈRE

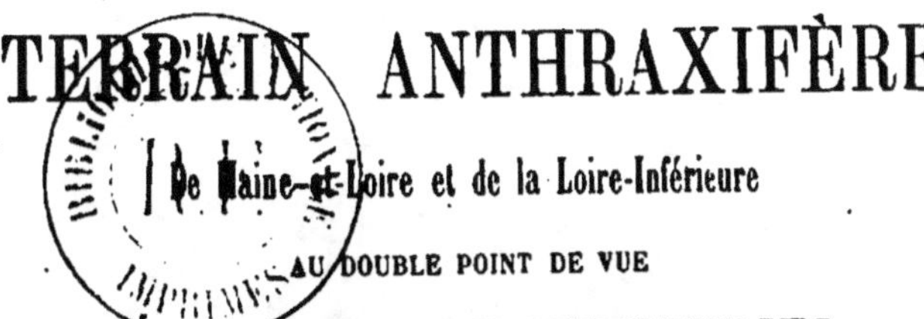

De Maine-et-Loire et de la Loire-Inférieure

AU DOUBLE POINT DE VUE

GÉOLOGIQUE ET INDUSTRIEL

Par L. ROLLAND-BANÈS

Ingénieur Civil des Mines, au Havre, Membre de la Société Nationale
Havraise d'Etudes diverses, de la Société Géologique de France,
et Membre correspondant de plusieurs Sociétés savantes.

(Extrait du *Recueil des Publications de la Société Nationale Havraise
d'Études diverses* pour l'année 1872.)

HAVRE

IMPRIMERIE LEPELLETIER

1873

NOTICE

SUR LE

TERRAIN ANTHRAXIFÈRE

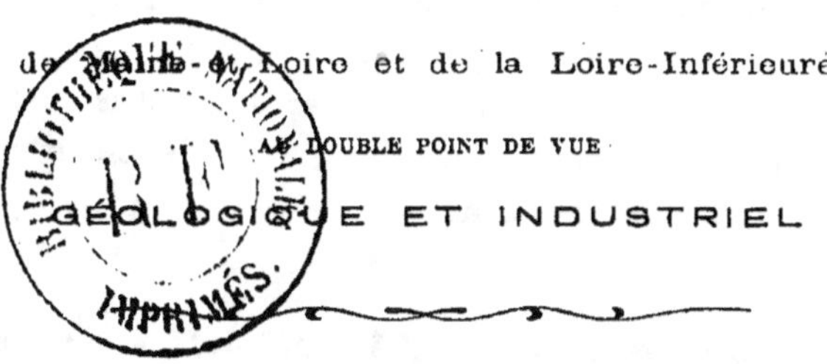

de Maine-et-Loire et de la Loire-Inférieure

AU DOUBLE POINT DE VUE

GÉOLOGIQUE ET INDUSTRIEL

I.

Partie Géologique

Avant de commencer la description de la zône anthraxifère qui prend naissance à Doué, près Saumur, dans le département de Maine-et-Loire, pour disparaître à Nort, près Languin, arrondissement de Châteaubriand, (Loire-Inférieure), je crois devoir dire quelques mots sur la différence géologique qui existe entre la formation anthraxifère et les formations carbonifère et houillère.

Position du terrain de transition de l'ouest de la France.

Sur la chaîne granitique (dite terrain primitif) du Bocage Vendéen, repose le terrain de transition dont font partie les riches gisements ardoisiers d'Angers, et ceux de la Mayenne et de la Sarthe. Ce terrain de transition, comme on le voit sur la carte géologique de France, s'étend de l'est à l'ouest, depuis Angers (Maine-et-Loire), jusqu'aux terrains de gneiss, sur lesquels repose la ville de Brest (Finistère). Elle se termine au nord par une ligne qui se dirige également de l'est à l'ouest, depuis Falaise (Orne), jusqu'à Cherbourg (Manche).

Terrain Silurien.

Cette large zône de terrain de transition, dont la puissance va jusqu'à 3,000 mètres, se divise en plusieurs étages, dont le plus important est le terrain Silurien, ou groupe moyen. Ce dernier est traversé en plusieurs points par des filons de quartzites et de schistes, soulevés par des roches porphyriques, qui ont occasionné dans ces terrains des changements d'inclinaison assez fréquents.

Position du terrain anthraxifère de l'ouest de la France.

C'est sur le terrain silurien que repose le terrain anthraxifère dont je m'occupe, et qui, lui-même, contient une succession plusieurs fois répétée de grès plus ou moins grossiers, dits Poudingues, de grès fins, de schistes et de couches d'anthracite, c'est à dire de *houille plus ou moins sèche.*

La zône anthraxifère de Maine-et-Loire et de la Loire-Inférieure a une direction à peu près parallèle à une autre zône également anthraxifère qui, prenant naissance aux environs de Sablé (Sarthe), s'étend dans le département de la Mayenne en passant par la Baconnière, la Bazouge de Cheméré, etc., et qui a donné lieu à une Société importante connue sous le nom de *Société générale des Mines de la Mayenne et de la Sarthe, ayant son siége à Laval.*

Position des terrains carbonifères et houillers par rapport au terrain anthraxifère.

Au-dessus du terrain anthraxifère, apparaît, dans l'ordre géologique, le terrain carbonifère qui, dans le nord de la France et dans une grande partie de l'Angleterre, commence par un calcaire noir connu sous le nom de calcaire carbonifère sur lequel reposent, à stratification concordante, les couches plusieurs fois répétées, comme dans les terrains anthraxifères, de grès à gros grains, de grès fins, de schistes, et de houille.

Telle est, d'après l'échelle géologique, la position relative des deux terrains, c'est-à-dire que le terrain anthraxifère est d'une formation antérieure à celle du terrain carbonifère.

Quelquefois le calcaire carbonifère manque dans le terrain carbonifère.

Dans certains cas du terrain carbonifère, la couche de calcaire manque, et alors le terrain prend le nom de formation houillère proprement dite, qui elle-même est composée de grès, schistes et houille reposant directement sur les gneiss, comme à St-Étienne, et sur les terrains granitiques et les gneiss, comme dans les bassins de la Grande-Combe (Gard), et dans ceux de Chantonnay (Vendée) et St-Pierre-Lacour (Mayenne).

L'âge relatif seul des terrains peut être établi.

L'âge relatif des terrains houillers, carbonifères et anthraxifères étant ainsi déterminé, on voudrait pouvoir dire : il s'est passé tel ou tel espace de temps entre les différents cataclysmes qui ont accompagné les périodes anthraxifère et carbonifère, et entre la formation des différentes couches de combustible. Mais pour ces temps primordiaux, il n'existe pas de témoins comme ceux que nous citait à la dernière séance de la Société, notre honorable collègue, M. Borély, qui, dans la première partie de son intéressant mémoire intitulé l'*Histoire et la Politique*, nous disait : prenez quarante hommes ayant vécu cent ans chacun, et s'étant succédés, interrogez-les, et vous aurez l'histoire depuis l'origine de l'homme.

Mais, dans le cas qui nous occupe, ce ne sont pas des

hommes qu'on peut interroger, ce sont, dans les schistes ardoisiers, quelques rares empreintes de plantes mal conservées du genre Calamites, quelques coquilles des genres Pentamerus, Orthis, etc., et quelques empreintes de poissons du genre Ogygia, espèces qui n'ont plus leurs similaires aujourd'hui. Dans les terrains anthraxifères, carbonifères et houillers, de nombreuses empreintes de plantes des genres Pecopteris, Nevropteris, Lepidodendron, Calamites, Sigillaria, etc., et des équisétacées de genres différents et de grandeurs colossales qui n'existent plus de nos jours.

Ces coquilles fossiles, ces empreintes de poissons, ces plantes gigantesques nous disent bien, par leur ordre de superposition dans les horizons géologiques, que telle espèce a existé avant telle ou telle autre, mais elles ne peuvent indiquer l'espace de temps qui a séparé l'apparition de chacune d'elles sur le globe, d'où il résulte qu'il est impossible d'évaluer en siècles ni l'âge de la terre, ni l'âge de telle ou telle formation géologique.

S'il était possible d'évaluer en siècles l'âge de telle ou telle formation géologique, ce serait dans les terrains carbonifères qu'on aurait le plus de chance d'arriver à une approximation.

Cependant, s'il y avait possibilité d'arriver à une évaluation approximative, ce serait bien certainement en interrogeant les terrains carbonifères en général, qu'on pourrait approcher le plus près de la vérité, chaque couche de combustible contenue dans ces terrains indiquant une végétation nouvelle et un enfouissement de cette végétation entre plusieurs couches de débris de roches qui ont formé les grès et les schistes qui constituent ces terrains.

Je crois donc pouvoir intéresser la Société en énumérant ici le nombre de couches de combustible que recèle la zone anthraxifère de l'ouest de la France, et celui que recèle également la zone carbonifère du nord, qui, prenant naissance à Aix-la-Chapelle, en Prusse, traverse la Belgique et les départements du Nord et du Pas-de-Calais, deux zônes à peu près parallèles et qui se sont succédé d'assez près dans l'ordre géologique.

La zône anthraxifère de l'ouest de la France contient :

28 couches dont 16 plus ou moins exploitables.

La zône houillère du nord de la France contient.............................. 152 couches dont 110 exploitables.

TOTAL.......... 180 couches dont 126 exploitables. (1)

En ne tenant compte que des couches exploitables, on peut évaluer leur puissance moyenne à 60 centimètres, ce qui donne $126 \times 0,60 = 75^m 60$, représentant la puissance réunie de la masse exploitable ; mais chaque couche de combustible est séparée de l'autre par des roches indiquées ci-après :

Description succincte des roches qui accompagnent les couches de combustible.

1° Les grès à gros grains, désignés sous le nom de poudingues, qui prennent divers noms suivant la nature des débris de roches qui les constituent ;

2° Les grès à grains fins plus ou moins micacés, et certains grès entièrement spéciaux à telle ou telle formation houillère ou anthraxifère. Ainsi, dans la formation anthraxifère dont je vais donner la description, on rencontre dans l'un des systèmes de dépôt, un grès feldspathique surnommé pierre carrée à cause de la propriété qu'il a de se diviser en petits parallélipidèdes réguliers. Cette roche qui atteint

---

(1) Si le nombre des couches ne s'accorde pas avec ceux relatés par MM. Dufrenoy et Elie de Beaumont dans la *description géologique de la France*, publiée en 1841, c'est que, depuis cette époque, de nouvelles couches ont été constatées.

parfois une épaisseur de 50^m est spéciale à la formation du *Système Goismard ;* on en rencontre un petit banc au-dessus du système de la formation des *Noulis, système supérieur à celui de Goismard.*

Le gros banc de pierre carrée qui recouvre les couches Goismard a donné lieu au-dessous de ce système à un poudingue renfermant des fragments de pierre carrée : c'est une véritable brèche.

3° Différentes variétés de schistes, plus ou moins micacés, forment quelquefois des couches isolées au milieu des grès, et le plus souvent les schistes accompagnant les couches d'anthracite et de houille, en conservent les empreintes des végétaux *Lépidodendron, Calamites, Sigillaria et Equiséta-cées dont j'ai déjà parlé.*

Les roches stériles sont dans une proportion énorme, compara-tivement aux couches exploitables.

Toutes les roches qui accompagnent les terrains anthraxi-fères et carbonifères, et dont je viens d'énumérer les prin-cipales seulement, occupent une épaisseur énorme compa-rativement aux dépôts de combustible, et je tenais à signaler ce fait à l'effet de démontrer quel long espace de temps il a fallu pour la formation d'une couche de houille ou d'an-thracite accompagnée d'une épaisseur plus ou moins consi-dérable des roches qui précèdent.

En effet, après une première formation de couche de com-bustible, recouverte à plusieurs reprises par ces roches, il a fallu qu'un terrain végétal pût se reconstituer de manière à pouvoir donner lieu à une végétation nouvelle.

Formations plusieurs fois répétées de végétations nouvelles, et évaluation du temps nécessaire pour chaque formation carbonifère.

En évaluant à un siècle, comme minimum, l'espace de

temps nécessaire à la formation de chaque couche de houille ou anthracite avec ses roches superposées, on aurait, en ne tenant compte que des 126 couches exploitables dont j'ai déjà parlé, 126 siècles comme minimum du temps qu'il a fallu pour la formation des terrains anthraxifères et carbonifères dont je m'occupe en ce moment, soit une durée 3 à 4 fois supérieure à celle qui s'est écoulée depuis l'apparition de l'homme sur la terre.

Des évaluations de ce genre ne doivent être considérées que comme exemples d'un temps très long.

Ces chiffres, bien entendu, ne doivent être considérés que comme des suppositions, des approximations ; mais ils suffisent pour démontrer qu'il a fallu bien des siècles pour former ces immenses magasins de combustible qui constituent aujourd'hui la plus grande fortune de l'homme, en fournissant à l'industrie un aliment indispensable.

Malheureusement ces magasins ne sont pas inépuisables, et depuis quelque temps une certaine inquiétude s'est emparée de nos industriels, en présence du prix toujours croissant des houilles d'Angleterre, de ce pays dont la richesse en terrain houiller semblait inépuisable.

De l'Industrie en présence du prix élevé des charbons.

Les prix des houilles de Prusse, de Belgique, des départements du Nord et du Pas-de-Calais et des autres parties de la France augmentent également dans les mêmes proportions ; voilà pourquoi j'ai pensé que la communication à la Société d'Etudes diverses, d'une notice sur un terrain carbonifère que j'ai exploité pendant près de vingt années, pourrait lui présenter quelqu'intérêt, car dans les circonstances actuelles, en présence des besoins chaque jour croissants de l'industrie, tels bassins carbonifères qui étaient considérés comme d'une importance secondaire, sont naturellement appelés à acquérir un haut degré de prospérité, par suite de la cessation de la concurrence des mines anglaises et autres localités qui, ayant peine à suffire à leur rayon naturel de consommation, ne peuvent plus faire parvenir leurs produits dans les environs des mines qui exploitent les bassins anthraxifères.

Exposé de la manière de présenter la notice de 1841 avec les progrès accomplis en 30 années.

Pour mettre la Société d'Etudes diverses à même de juger ce qui peut se passer dans l'espace de 30 années dans un centre d'exploitation de mines, et d'apprécier les modifications que l'expérience, acquise par suite des travaux, a pu apporter dans mon esprit, quant à l'allure des couches du bassin anthraxifère dont je m'occupe, je reprends une notice rédigée par moi en 1841, alors que de nouveaux travaux étaient à la veille d'être créés dans la vallée de la Loire, en y ajoutant les progrès faits par ces travaux et les connaissances acquises depuis cette époque jusqu'à ce jour.

Pour mieux faire apprécier par la Société l'exactitude de la notice que j'ai l'honneur de lui soumettre, je crois devoir transcrire ici quelques lignes de l'Ingénieur des mines du gouvernement, extraites d'une description géologique du département de Maine-et-Loire, publiée en 1845.

Opinion de l'Ingénieur des Mines du gouvernement sur la notice de M. Rolland.

En parlant du système anthraxifère de la Haie-Longue, celui qui est l'objet de ma notice, l'Ingénieur des mines s'exprime ainsi :

« Le système de la Haie-Longue est le mieux connu de

» tous, par les nombreux travaux de la concession de
» Layon-et-Loire, d'après les *études faites par M. Rolland,*
» *confirmées par les sondages exécutés par MM. de Lascases et*
» *Triger.* »

Comme témoignage d'autorité à la notice qui va suivre,
je crois devoir dire qu'en 1841, lors de la publication de la
carte géologique de France par MM. Dufrenoy et Elie de
Beaumont, ces Messieurs, parlant du terrain anthraxifère de
la Basse-Loire, s'exprimaient ainsi : (1)

« Pour donner une idée complète du groupe anthraxifère,
» nous ajouterons à l'exposé général que nous venons de
» donner, quelques détails circonstanciés sur la partie de
» ce terrain comprise entre Chalonnes et Rochefort, et
» particulièrement sur la mine de la Haie-Longue, l'une des
» plus importantes de cette contrée. Nous devons ces ren-
» seignements intéressants à l'obligeance de M. Rolland,
» directeur de cette mine.

» La partie anthraxifère du terrain qui borde la Loire entre
» Angers et Nantes présente une épaisseur moyenne de
» 1,000 à 1,500 mètres ; elle renferme vingt-cinq couches
» d'anthracite, dont huit seulement peuvent être exploitées
» avec quelque avantage. Ces différentes couches se groupent
» plusieurs ensemble, de sorte qu'un puits, après avoir
» rencontré trois ou quatre couches de charbon assez rappro-
» chées les unes des autres, traverse souvent une grande
» épaisseur de grès avant d'en recouper de nouvelles. Cette
» circonstance a engagé M. Rolland à les grouper en huit
» systèmes, séparés les uns des autres par des couches
» puissantes de poudingue. »

Ces témoignages d'approbation m'autorisent donc à donner
ici communication de ma notice de 1841, en y ajoutant les faits
acquis par les différents travaux de mines exécutés dans
l'espace de 30 années.

---

(1) V. pages 225 à 232, T. 1er : *Description de la carte géologique de France.*

Notice sur le terrain anthraxifère des bords de la Loire aux environs de la Haie-Longue, entre Rochefort et Chalonnes (Maine-et-Loire).

La zône anthraxifère des bords de la Loire s'étend depuis les environs de Doué, dans le département de Maine-et-Loire, jusqu'à Nort, département de la Loire-Inférieure, sur une longueur de 45 lieues.

Le point où cette zône se montre le mieux à la surface, à cause des nombreuses sinuosités du terrain, se trouve aux environs de la Haie-Longue, village situé sur la rive gauche de la Loire,. entre le Louet (*bras de Loire*) et la rivière du Layon, et à peu près au centre de la concession de Layon-et-Loire.

Ma position de directeur des travaux des mines de Layon-et-Loire m'ayant mis à même d'étudier plus particulièrement cette partie de la zône anthraxifère, j'ai cru pouvoir adresser à la Société géologique de France la description suivante du terrain.

De la position de la zône anthraxifère relativement aux terrains voisins.

M'étant plus attaché jusqu'à présent à l'étude de la zône anthraxifère qu'aux relations qui existent entre elle et le reste du terrain silurien, je ne puis émettre une opinion définitive sur l'âge de cette zône. Je puis seulement rapporter ici quelques faits qui pourront amener, parmi les géologues, des discussions tendant à éclairer cette importante question.

La carte géologique des environs de la Haie-Longue (Pl. I, Fig. 1) représente la zône anthraxifère intercalée au milieu des schistes rouges et verts. Sa direction moyenne sur les coteaux de la Haie-Longue forme, avec la ligne Nord, un angle de 60°

à l'Ouest, et l'inclinaison générale des couches sur cette même colline a lieu vers le *Nord-Est*, sous un angle. qui varie entre 25° et la verticale. En certains points même, les couches éprouvent une inclinaison au Sud, mais ces variations ne semblent être que l'effet d'un accident partiel. L'inclinaison moyenne peut être portée à 45°.

Sur la rive droite de la Loire, au contraire, des puits de recherche indiquent un pendage des couches au Sud. Si ce pendage, que la faible profondeur des puits n'a pas permis de reconnaître à plus de 50 mètres est le pendage véritable de la zône sur la rive droite de la Loire, elle affecterait alors la forme d'une parabole renversée et représentée (Pl. I, Fig. 2) par la surface gauche A B C D, le point A étant le correspondant du point D. Dans ce cas alors, le dépôt anthraxifère formerait la partie supérieure du terrain silurien.

Si au contraire l'inclinaison au Sud, reconnue dans les puits de recherche de la rive droite, était une inclinaison accidentelle, le pendage général des couches, sous la vallée de la Loire, deviendrait D C E F G, c'est-à-dire que les couches du terrain anthraxifère s'épanouissant à la surface éprouveraient une réduction de puissance dans la profondeur pour aller se redresser plus loin sans se montrer au jour, Et, dans ce cas, le dépôt anthraxifère ne formerait pas la partie supérieure du terrain silurien.

Ce qui se passe aujourd'hui dans les travaux confiés à ma direction me porterait à admettre une forme conique à tout le système, soit qu'il incline au Nord sans redressement, soit qu'il se redresse au Nord pour incliner au Sud.

Ainsi, les couches Goismard, grande et petite veine, dont il sera question dans la description de la zône anthraxifère, sont séparées l'une de l'autre aux points où elles se montrent à la surface par une roche dont la puissance est de 6 à 8 mètres; à 100 mètres de profondeur, mesurés suivant l'inclinaison

des couches, la puissance de la roche est réduite à 3 mètres ;
à 200 mètres elle n'est pas égale à 1 mètre. Enfin, dans les
exploitations les plus profondes de la Haie-Longue, cette
roche intermédiaire se réduit à zéro, et les deux couches de
charbon se réunissent pour disparaître ensuite. Cette réduction de puissance des couches me porterait à croire que le
bassin dans lequel s'est opéré le dépôt anthraxifère avait pri-
mitivement la forme représentée en ᴀ ʙ ᴄ (Pl. II, Fig. 1) et que,
par conséquent, les courants ayant dû être plus forts en o, c'est
précisément en ce point que plus de matières ont dû être
entraînées et déposées ; tandis que sur la partie presque
horizontale du bassin, les dépôts ont dû affecter une forme
de coin allongé.

Au *Nord-Est* de la zône anthraxifère, au point où elle
est en contact avec les schistes rouges et verts, le terrain
charbonneux plonge en certains points au-dessous des
schistes rouges. Mais de cette superposition on ne saurait
conclure que le terrain anthraxifère est inférieur aux schistes
rouges, car, par le soulèvement des porphyres, qui a eu lieu
au milieu des schistes rouges et verts, comme le représente
la carte géologique (Pl. I), il a pu arriver que les couches
du dépôt anthraxifère et des schistes rouges aient été repliées
sur elles-mêmes sur une faible longueur, comme sur l'exemple
(Pl. I, Fig. 2). Il n'y a donc que des travaux plus approfon-
dis sur les deux rives de la Loire qui pourront décider
nettement de la question de superposition.

*Modification des premières suppositions, par suite des travaux
exécutés dans l'espace de 30 années.*

C'est ici qu'il convient de dire de quelle manière l'opinion que j'émettais en 1841, sur la forme du bassin anthraxifère, au-dessous de la vallée de la Loire, peut être modifiée
par les travaux exécutés dans la *concession de Désert*,
(commune de Chalonnes-sur-Loire), située au nord de la
concession de Layon-et-Loire, dont la direction des travaux
m'était confiée.

De 1841 à 1850, tous les travaux de mines exécutés tant sur la concession de Layon et-Loire que sur celle de Désert, plongeaient sous la vallée de la Loire même, avec une inclinaison moyenne de 40 a 45°, et cela, jusqu'à une profondeur verticale d'environ 200 mètres. Et en face, sur la rive opposée de la Loire (la rive droite), des couches peu puissantes avaient été suivies jusqu'à une profondeur d'environ 50 mètres suivant l'inclinaison, avec leur pendage au sud de A en A' (Pl. I, Fig. 2). J'avais donc été conduit à supposer que les couches affectaient les formes représentées par la Pl. I, Fig. 2 ; mais depuis cette époque, les trois puits nᵒˢ 1, 2 et 3, foncés vers le nord, dans la vallée, par les concessionnaires de Désert, sont venus apporter un jour tout nouveau sur l'allure de la zône anthraxifère dans la profondeur.

Le puits nᵒ 2 de la concession de Désert a atteint une profondeur de 586 mètres.

En effet, le puits nᵒ 2, ayant été foncé dans ces dernières années jusqu'à la profondeur de 586 mètres (1,758 pieds), a suivi de très près, comme le représente la Fig. 2, les mêmes couches avec une inclinaison se rapprochant de la verticale, ce qui est venu modifier la supposition que j'avais faite en 1841, d'un bassin en forme de fond de bateau, A C D, sous la Loire.

Ainsi, au lieu de suivre cette forme de parabole renversée A C D, et même de poursuivre leur inclinaison régulière en D C B, comme je l'avais dit dans ma seconde supposition, les couches ont suivi une inclinaison D' C H en se rapprochant beaucoup de la verticale, comme l'a constaté ce puits nᵒ 2, d'une profondeur de 586 mètres au-dessous du sol de la vallée, soit une profondeur verticale d'environ 650 mètres au-dessous du niveau d'affleurement des couches sur le coteau ; soit enfin un développement d'au moins 700 mètres suivant l'inclinaison des couches.

Comme on le voit, ce sont des couches de combustible

explorées et exploitées à de bien grandes profondeurs, et cependant cet approfondissement n'est pas encore suffisant pour qu'on puisse se rendre compte d'une manière bien nette de l'allure définitive de cette zône anthraxifère.

Le puits n° 2 a été abandonné.

Malheureusement, à cette profondeur de 586 mètres, la Société qui exploite dans la vallée a été obligée de renoncer à la poursuite des travaux, par suite de la rupture de la machine d'épuisement.

Au point de vue géologique, cet abandon est très regrettable, car on ne peut encore faire que des suppositions sur le prolongement du faisceau de couches constituant cette zône anthraxifère.

Si la même inclinaison c н, se poursuit de н en i, il faudrait qu'un puits n° 4, placé plus au Nord, fût prolongé jusqu'à environ 1,000 mètres pour atteindre les couches exploitables dans l'aval pendage.

Ce puits sera très probablement exécuté dans un avenir plus ou moins rapproché.

De cette disposition de la zône anthraxifère vers le nord, on serait presqu'en droit de supposer qu'à une certaine profondeur, cette zône formerait plateau sous la partie supérieure du terrain de transition, pour aller se relever dans la Sarthe et la Mayenne, dont les terrains anthraxifères cités plus haut, seraient alors le prolongement.

D'après cette théorie, il existerait alors en ces points une richesse très grande en combustible.

Mais il est plus naturel d'admettre que les couches se replient brusquement en forme de V, en un point X par exemple, pour se relever sur la rive opposée de la Loire, vers Saint-Clément-de-Laleu.

Un jour, quand la richesse houillère viendra à manquer dans cette contrée, on sentira la nécessité de pénétrer à de plus grandes profondeurs et de reprendre des travaux momentanément abandonnés, car plus nous irons, plus les besoins de l'industrie se feront sentir, plus l'art des mines se perfectionnera, et plus on aura besoin d'avoir recours à ces magasins naturels de combustible, qui ne sauraient se renouveler.

Revenons au travail de 1841 :

Description de la zône anthraxifère.

Pour bien étudier toutes les couches contenues dans le terrain anthraxifère de la Haie-Longue, il faut suivre les bords du Louet, depuis Rochefort jusqu'à Chalonnes, et remonter ensuite les bords du Layon en se dirigeant de Chalonnes au pont Barré et en se tenant toujours au pied des coteaux.

C'est par cette étude, et au moyen de quelques coupes faites perpendiculairement à la direction des couches, que j'ai été mis à même de dresser la carte géologique dont je vais donner ici la description. (Pl. I, Fig. 1.)

~ Ainsi, commençant par le bourg de Rochefort, je ferai remarquer les trois lignes A B, A C, A D.

A B est la ligne Nord.

. A C est la ligne indiquant les directions générales des couches et faisant, avec la ligne Nord, un angle de 60° à l'Ouest.

A D est la ligne parallèle aux lignes de plus grande pente tracées dans le plan des couches et faisant un angle de 30° à l'Est avec la ligne Nord.

N° 1 *de la carte.* — Au *Sud-Est* et au *Nord-Ouest* de Rochefort existent des soulèvements de roches porphyriques qui, dans la vallée, traversent des terrains d'alluvion, et s'élèvent à plus de 30 mètres au-dessus de l'étiage. Ces rochers disparaissent sous le lit de la Loire et vont se montrer ensuite sur la rive droite de ce fleuve, aux environs du village de Saint-Clément-de-Laleu. La planche I, Fig. 2 montre qu'on pourrait attribuer à ces soulèvements de porphyre le redressement des couches sur la rive droite de la Loire.

N° 2 *de la carte*. — Aux environs de Rochefort, ces roches porphyriques sont avoisinées par des roches ressemblant à des amygdaloïdes.

N° 3 *de la carte*. — A Saint-Clément-de-Laleu, les schistes rouges qui avoisinent les roches porphyriques sont traversés par des grains de quartz blanc qui en font de véritables schistes amygdaloïdes.

N° 4 *de la carte*. — Des schistes plus ou moins altérés succèdent ensuite à ces schistes métamorphiques.

N° 5 *de la carte*. — Vient ensuite un lambeau de terrain anthraxifère compris entre deux bancs de poudingue.

Ce lambeau renferme deux veinules d'anthracite, dans lesquelles jamais aucune recherche n'a été faite. Il serait important cependant de comparer le combustible de ces deux veinules avec celui provenant des couches exploitées à la Haie-Longue, afin de reconnaître si, à cause de son plus grand voisinage de roches anormales, ce combustible contient moins de parties fuligineuses que l'autre.

Si le terrain compris aux n°s 12, 13, 14, etc., forme la partie supérieure du terrain silurien, en se relevant sur la rive droite de la Loire, le lambeau compris au n° 5 appartiendrait alors à un lambeau dans lequel on a fait quelques recherches à la Pommeraie, au sud-est de Montjean, et alors ce lambeau se trouverait intercalé entre deux assises de schistes rouges et verts.

N°s 6, 7, 8 et 9 *de la carte*. — Succession plusieurs fois répétée de schistes rouges et de schistes verts. Plusieurs variétés de ces schistes se trouvent dans cette succession ; parmi ces schistes les uns sont d'un rouge lie de vin, les autres d'une couleur moins foncée. D'autres enfin, très doux au toucher, semblent blancs à cause des nombreuses paillettes de mica et de talc qui reflètent la lumière. Parmi les schistes verts, il y a plusieurs nuances, dues à la plus ou moins grande quantité de mica et de talc.

Les uns sont très doux au toucher, les autres sont rudes ; ceux surtout qui avoisinent les points où des roches porphyriques ont été soulevées sans se montrer à la surface, possèdent ce dernier caractère. Tels sont les schistes compris entre les n°s 11 et 12, situés au sud-ouest des soulèvements du pont Barré et de la montée de Tirchaud.

En un point situé aux environs du Breuil, quelques lames de schistes verts sont imprégnées d'une légère couche de cuivre carbonaté vert et bleu. Dans l'intérieur de la ville de Chalonnes, dans une carrière de schiste située sur les bords de la Loire, j'ai trouvé également des schistes imprégnés de cuivre carbonaté. Cette symétrie à l'Est et à l'Ouest de la zône anthraxifère ne pourrait-elle pas encore influer en faveur d'un bassin parallèle au lit de la Loire? Les échantillons de schistes les plus riches en cuivre carbonaté ont donné, à une analyse faite par M. Lechatellier, ingénieur des mines, 2 °/₀ de cuivre seulement.

N° 10 *de la carte*. — Une ligne pointée aux environs du pont Barré qui se trouve en contact avec la zône anthraxifère, et qui, sur les bords du Louet, s'en trouve à plus de 400 mètres à l'Est, indique un soulèvement de roches porphyriques avec filons de roches serpentineuses englobant des noyaux de calcaire marbre. — Ce soulèvement très remarquable présente un grand développement aux environs du pont Barré, comme le représente la carte géologique. Un soulèvement du même genre, mais beaucoup moins important, se montre dans la tranchée faite par une nouvelle route, connue sous le nom de montée de Tirchaud.

A la carrière du Pont-Barré, le marbre qu'on exploite alimente plusieurs fours à chaux. Ce marbre, d'un gris bleuâtre et rougeâtre en certains points, est susceptible d'un beau poli, et peut même fournir des plaques assez larges pour faire des dessus de meubles.

Les blocs de marbre qui avoisinent la roche serpentineuse se trouvant pénétrés en certains points par cette roche, donnent, lorsqu'ils sont polis, des marbres parsemés de veinules verdâtres produisant un fort bel effet. J'ai la conviction que ce marbre, lancé dans le commerce, y serait parfaitement accueilli. Les membres de la Société géologique, présents à la réunion d'Angers, ont pu examiner une plaque de ce marbre que j'ai exposée dans la salle des réunions.

Dans quelques cavités rencontrées dans la carrière de calcaire du Pont-Barré, on trouve une substance molle, ayant l'aspect du savon noir et possédant une odeur bitumeuse très prononcée ; cette substance, qui peut être regardée comme une huile de pétrole endurcie, semble avoir été formée par la distillation de la houille en contact des couches éruptives. Cette substance est employée par les ouvriers de la carrière comme onguent pour guérir les blessures qu'ils se font en extrayant cette roche d'une grande ténacité.

N° 11 de la carte. — Une couche de quartz noir traversée par des veinules blanches, se montre en certains points à la surface ; elle est dérangée en quelques points par la ligne de roches porphyriques serpentineuses dont j'ai parlé au n° 10 et qui semble n'avoir pas exactement la même direction que les roches du dépôt.

Entre ces quartz noirs et le terrain anthraxifère se trouve une nouvelle succession de schistes rouges et verts ; ces derniers acquièrent en certains points une grande dureté, par exemple derrière le village des Barres et sur les bords du Louet. J'attribue cette dureté au voisinage des roches éruptives.

De la zône anthraxifère.

Vient enfin la zône anthraxifère qui contient plus de vingt veines ou veinules d'anthracite d'une plus ou moins grande importance, et dont j'ai simplifié l'étude au moyen des remarques suivantes :

En suivant le pied de la côte, sur la rive gauche du Louet, j'ai rencontré un assez grand nombre de bancs de poudingue, qui m'ont semblé établir des démarcations tranchées entre chaque dépôt partiel du terrain anthraxifère. Reconnaissant la même succession de ces bancs sur les bords du Layon, j'ai été conduit à partager la bande anthraxifère en huit systèmes distincts, ayant chacun pour base un banc de poudingue.

Ainsi, le dépôt anthraxifère se serait formé en huit grandes époques bien tranchées, et les débris les plus grossiers de roches entraînées par les courants, suivant l'ordre de la pesanteur, se seraient déposés d'abord et auraient formé des dépôts grossiers, bases de chacun des systèmes. Après avoir ainsi simplifié cette zône anthraxifère et donné à chaque système ou portion de la zône un nom tiré d'une maison ou d'un village situé sur cette tranche, j'ai étudié chaque système en particulier, et j'ai pu établir (Pl. II, Fig. 3). la coupe de toute la zône anthraxifère, telle qu'elle se présente obliquement sur les bords du Louet.

N° 12. *Système des Essards.* — Le premier des systèmes, ou système des Essards, commence par un poudingue peu grossier et contient trois veines d'anthracite, dont une seule a été exploitée avec avantage.

Ces veines sont séparées les unes des autres par des bancs plus ou moins épais de grès et de schistes noirâtres.

La première veinule, ou veine de Vaujuet, en certains points où le poudingue, les schistes et les grès manquaient, s'est trouvée, m'a-t-on dit, dans quelques travaux de recherche, en contact avec les schistes verts endurcis, dont j'ai parlé, à la suite du banc de quartz noir n° 11. Je n'ai jamais été à même de vérifier ce fait.

Viennent ensuite la deuxième et la troisième veine, ou celle des petits Houx et celle des Essards, qui sont soumises à quelques renflements.

Puis se montre le poudingue, qui forme la base de ce système. Ce poudingue, très grossier, forme sur les bords du Louet, une pointe très-élevée auprès du hameau du Paty.

La couche des Essards seule a donné lieu à une exploitation régulière.

N° 13. *Système de la Haie-Longue.* — Le système de la Haie-Longue, sur lequel se trouve le village de ce nom, contient trois veines : la veine du Paty, et celles de la Haie-Longue, c'est-à-dire la grande et la petite. Ces veines, peu connues, semblent d'une assez faible importance. Entre elles, se trouve une succession de grès à grains fins et de schistes très-micacés jaunâtres. La base de ce système est un poudingue grossier, contenant des grains de quartz semblables à des cailloux roulés.

N° 14. *Système des Noulis.* — C'est par le point où ce système se montre sur la rive droite du Louet et par le moulin de Saint-Clément-de-Leleu, qu'a été faite la coupe hypothétique (Pl. I, Fig. 2).

Ce système contient trois veines :

La veine de la maison des Noulis ;

La veine de la Portinière ;

La veine des Noulis.

La veine des Noulis a été exploitée avec avantage pour charbon de forge. Le toit de cette veine est formé par un grès feldspathique jaunâtre, connu sous le nom de *pierre carrée* à cause de sa propriété de se séparer en prismes rhomboïdaux. Je parlerai plus loin de cette roche remarquable.

La veine de la Portinière, peu connue, semble assez importante.

Ces veines sont séparées par des grès et des schistes noirâtres. Un poudingue assez grossier forme la base du système.

La veine de la maison des Noulis semble sans grande importance.

N° 15. *Système de Bel-Air.* — Le système de Bel-Air contient quatre veines.

Veine de Bel-Air (grande et petite veine).

Veine du Caf (grande et petite veine).

Les veines de Bel-Air semblent d'une exploitation plus avantageuse que les veines du Caf. Les grès et schistes qui avoisinent les couches sont d'une nature différente ; leur couleur est le gris, leur texture est très fine, quelques bancs contiennent beaucoup d'empreintes végétales et surtout des calamites.

Le poudingue, sur lequel repose ce système, est très visible à l'Est de la maison du Vouzeau, il contient de grandes empreintes de végétaux aplatis.

N° 16. *Système de la Barre.* — Le système de la Barre contient trois veines :

La veine des Trois-Filons.

La veine du Vouzeau-Nord, ou Grande-Veine.

La veine du Vouzeau-Sud, ou Petite-Veine.

La veine du Vouzeau-Nord est susceptible d'une exploitation régulière. Ces couches sont accompagnées d'un léger banc de pierre carrée contenant une veinule sans importance. La veine des Trois-Filons est accompagnée d'une couche peu puissante de rognons de fer carbonaté.

Cette couche est très apparente sur les bords du Layon.

Les grès et schistes de ce système sont d'un gris noirâtre plus ou moins foncé. Ils contiennent des empreintes de calamites en grande abondance. On y rencontre des troncs de palmiers passés à l'état de grès, et disposés perpendiculairement à la stratification des couches.

Le poudingue sur lequel repose ce système est moins grossier que celui qui précède.

N° 17. *Système Goismard.* — Le système Goismard (englobé dans la pierre carrée), contient quatre veines :

La veine du Chêne, peu exploitable.

La veine de la Recherche, *idem*.

Veine Goismard, petite veine, ⎫ peu puissantes mais exploi-
Veine Goismard, grande veine, ⎭ tables avec avantage.

Lorsque ces couches sont réunies, elle présentent une puissance de plus d'un mètre et offrent une exploitation très avantageuse à cause de leur régularité. A l'exception de la veine du Chêne, qui recouvre ce système, les trois autres ne sont séparées de la pierre carrée que par des bancs peu épais de schistes et de grès. Il existe dans ce système un banc épais de pierre carrée tant au-dessus qu'au-dessous des couches. Ce banc acquiert en certains points une puissance de plus de 70 mètres. La pierre carrée éprouve de nombreuses variations dans sa nature : tantôt c'est une roche à grains très fins et à cassure polie ; tantôt c'est une roche à *texture granitoïde*. — Un banc inférieur reconnu dans trois puits d'exploitation a une *texture* plus grossière et contient des fragments de roches serpentineuses et porphyriques ; c'est une véritable brèche à laquelle j'ai donné le nom de *poudingue à ciment de pierre carrée*. Cette roche remplace les cou-ches de poudingue reconnues dans les autres systèmes, et l'on passe du système Goismard aux système des Bourgognes sans l'intermédiaire d'un autre poudingue.

Les veines Goismard contenues dans ce système ayant donné lieu à des exploitations très étendues et présentant des caractères très remarquables, je crois devoir en faire ici une description détaillée :

1° Le toit de tout le système des couches, appelé par les ouvriers le bon toit, se compose du grès feldspathique dont j'ai déjà parlé. C'est la pierre carrée, dont l'épaisseur est de près de 70 mètres. Ce toit, très solide et très ténace, n'a besoin, pour être maintenu, d'aucun bois d'étançonnage. Cette grande solidité a permis, en un point des mines du roc, de créer une excavation cubant environ 1,800 mètres, et dans laquelle manœuvre un manége à quatre chevaux exécuté sur de grandes dimensions. Cette pierre carrée, dont les strates sont ordinairement très régulières, renferme des empreintes de Lepidodendron.

Dans la carrière de la Dressière, MM. les membres de la Société géologique ont pu, dans leur tournée des bords de la Loire à l'ouest d'Angers, voir plusieurs empreintes de troncs de palmiers fort remarquables, et placées d'une manière oblique aux strates de la pierre carrée. J'ai été à même de voir une de ces empreintes entièrement découverte sur une longueur de 1 mètre 70 centimètres. Ce tronc d'arbre forme, avec les strates de la pierre carrée, un angle de 65 degrés environ. Son diamètre est d'environ 30 centimètres. Une légère couche de houille remplace l'écorce, tandis que tout l'intérieur est passé à l'état de pierre carrée. Quelques bancs de pierre carrée friable renferment des empreintes d'une espèce de fougère très grêle.

J'ai recueilli un tronc de palmier dont j'ai pu réunir tous

les tronçons sur une longueur de près de 2 mètres, et dont j'ai déjà communiqué des dessins à la Société d'Etudes diverses. Ce tronc de palmier occupait une position parallèle aux strates de pierre carrée.

2° Le faux toit ou grison est un grès à grains fins, très ténace, dont l'épaisseur varie entre 30 centimètres et 1 mètre. Ce faux toit est fort peu adhérent à la pierre carrée du bon toit ; aussi a-t-il besoin d'être soutenu par un assez grand nombre de bois.

3° Ce qui est appelé vulgairement par les ouvriers *tourte*, est un grès grossier parsemé de grains blancs sans ténacité et analogues à un feldspath désagrégé. Les grains blancs se détachent sur un fond grisâtre. Le nom de cette roche provient de la ressemblance à la vue avec le marc qui reste après la fabrication de l'huile de chénevottes. Ce banc n'a qu'une faible ténacité et une épaisseur de 15 à 20 centimètres.

4° Vient ensuite la petite veine Goismard, d'une puissance moyenne de 0 mètre 50 centimètres, dont le charbon présente une grande dureté et peut être extrait en gros morceaux.

5° Le mur de la petite veine ou toit de la grande veine est un grès schisteux dont l'épaisseur est variable. Cette roche a, comme je l'ai déjà dit, une puissance de 6 à 8 mètres, et se termine en forme de coin dans la profondeur.

6° La grande veine Goismard, dont la puissance moyenne est de 0 mètre 60 centimètres, à l'inverse de la petite veine, présente un charbon très friable et donnant très peu de gros morceaux.

La différence de ténacité dans les charbons de l'une et l'autre veine, conduit au raisonnement suivant :

Lorsque les détritus végétaux qui ont formé la grande veine étaient encore à l'état pâteux, la roche qui a été déposée dessus, et qui a servi à la comprimer, est le grès n° 5, dont la pesanteur n'a dû exercer qu'une légère pression. Quand, au contraire, les détritus qui ont formé la petite veine étaient encore à l'état pâteux, le dépôt qui a servi à les comprimer est celui qui a formé le banc épais de pierre carrée dont j'ai parlé au n° 1. C'est de cette différence dans les pressions agissant sur des substances molles qu'a dû nécessairement résulter la différence de dureté dans les charbons de l'une et l'autre veine.

7° La partie supérieure du mur de la grande veine se compose d'une légère couche de 1 à 2 centimètres de schiste blanc friable, qui, délayé par l'eau, forme une argile blanchâtre. Ce schiste est désigné par les ouvriers sous le nom de blancheron.

8° Le mur de la grande veine, ou bon mur, est un grès présentant peu de ténacité, son épaisseur est de 7 à 8 mètres.

9° Enfin on rencontre le poudingue à ciment de pierre carrée, dont j'ai donné la description au n° 17 du plan, et qui forme la base de tout le système Goismard.

L'exploitation dans les couches Goismard a lieu ou séparément dans chacune des veines, ou dans les deux veines en même temps, quand la roche intermédiaire n'a pas assez d'épaisseur pour se maintenir, de manière à présenter de la sécurité aux ouvriers. Dans tous ces cas, l'exploitation a lieu par gradins renversés, et les charbons tombent dans les voies principales, qu'on a toujours soin de pousser de manière à ce qu'elles précèdent les tailles les plus basses.

N° 18. *Système des Bourgognes.* — Le système des Bourgognes contient trois veines, qui, souvent, se réduisent à deux, et quelquefois à une seule, ce qui donne lieu à des amas assez considérables, auxquelles succèdent souvent des parties stériles d'une grande étendue. Ces couches sont très irrégulières et d'une exploitation difficile ; elles laissent dégager du gaz hydrogène carboné en assez grande abondance. Les roches qui séparent les couches de combustible sont des grès à grains fins et des argiles schisteuses très noires.

La Pl. II, Fig. 4 représente une coupe des trois systèmes, nᵒˢ 16, 17 et 18, qui sont très apparents dans le chemin de la rue d'Ardenay. Ce chemin en forme de ravin est celui qui représente la coupe la plus remarquable du terrain anthraxifère. J'ai donc cru devoir en adresser à la Société une coupe pittoresque et géologique. — Un puits d'exploitation ayant rencontré les couches des Bourgognes à 86 mètres, j'ai pu donner aux couches, en ce point, une inclinaison certaine.

Nᵒ 19. *Système du poirier Samson.* — Vient enfin le dernier système, ou système du poirier Samson, qui est d'une moins grande importance et qui renferme une couche divisée quelquefois en deux veines peu régulières. Les schistes qui avoisinent ces veines contiennent de nombreuses empreintes d'une fougère à tiges très ténues. Ainsi, jusqu'à présent je n'ai encore trouvé d'empreintes de fougères que dans le système Goismard en très petite quantité et dans le système du poirier Samson ; et ces fougères sont loin de ressembler à celles qu'on rencontre dans les terrains de Saint-Etienne et de la Grand'Combe.

Nᵒˢ 20 et 21 *de la carte.* — Succession de schistes rouges et verts.

Nᵒ 22 *de la carte.* — Couche par rognons très développés de calcaire marbre au milieu des schistes gris micacés ou grauwakes à grains fins. Ce calcaire est pénétré par des veines de Dolomie. On y rencontre quelques légers filons de fer hydraté, au milieu de fer carbonaté cristallisé en prismes rhomboïdaux très réguliers, ainsi que des parcelles de manganèse peroxydé.

Cette roche contient quelques coquilles fossiles propres au terrain silurien et un assez grand nombre de polypiers. On rencontre dans ces masses de calcaire des grottes à ossements et d'autres grottes remplies de cailloux roulés.

Ce même calcaire est exclusivement employé à la fabrication de la chaux, et toute cette chaux est employée pour l'amendement des terres argileuses de la Vendée. Il semblerait que la nature, prévoyante, a placé ainsi dans un même lieu, pour les besoins de l'agriculture, la chaux carbonatée et la houille destinée à réduire cette roche à l'état d'oxyde.

Les terres amendées par la chaux se trouvent fertilisées de la manière la plus remarquable par cet engrais.

Je terminerai cette description du terrain anthraxifère des bords de la Loire à la Haie-Longue, en donnant quelques analyses faites par M. Lechatellier sur les charbons des principales couches exploitées à la Haie-Longue.

PETITE VEINE GOISMARD.

Coke aggloméré peu boursoufflé au creuset de platine, cendres blanches avec parties rouges.

	Coke...	80 21
Composition.	Cendres...	3 79
	Matières volatiles.............................	16 00
		100 00

GRANDE VEINE GOISMARD.

Coke peu boursoufflé.

	Coke...	77 59
Composition.	Cendres...	4 41
	Matières volatiles.............................	18 00
		100 00

VEINE DES BOURGOGNES.

	Coke...	82 39
Composition.	Cendres...	4 41
	Matières volatiles.............................	13 20
		100 00

Ces charbons qui donnent tous un coke peu ou point boursoufflé, sont des charbons maigres, non collants et possédant
une qualité spéciale pour la fabrication de la chaux dans des
fours de grandes dimensions, dans lesquels il est très important de ne point intercepter le courant d'air. Des charbons
gras, au contraire, s'agglomèrent avec la pierre calcaire, et
interceptent le passage de l'air.

II.

Partie Industrielle

Les quelques essais ou analyses qui accompagnent la partie géologique que je viens de terminer suffisaient alors pour démontrer l'emploi principal des charbons provenant de cette zône carbonifère.

Mais aujourd'hui qu'une disette de combustible menace les industries françaises et autres, je crois devoir m'étendre plus longuement sur les analyses auxquelles on s'est livré depuis, sur les charbons provenant des diverses couches dont je viens de faire l'histoire géologique, et établir une comparaison entre la qualité de ces charbons et ceux provenant des bassins du Nord et du Pas-de-Calais, de certaines qualités du centre de la France et de quelques bassins d'Angleterre. Je vais donc dresser ici deux tableaux comparatifs :

	Noms des Couches	Carbone	Matières volatiles	Cendres	Calories (1)
Concession de Layon-et-Loire (2)	Petite veine Goismard............	75 50	15 00	9 50	6877
	Grande veine Goismard..........	70 30	18 00	11 70	6647
	Veine des Bourgognes, Nord..	78 30	12 00	9 70	6739
	Veine des Bourgognes, Sud...	77 80	13 00	9 20	6854
	Veine du Chêne, Nord............	75 80	15 00	9 20	6923
	Veine du Chêne, Sud.............	74 70	15 00	10 30	6762
	Veine des Noulis....................	74 60	14 00	11 40	6555
Concession de St-Georges-Châtelaison	Couche du Pavé....................	71 10	17 20	11 70	6601
	Puits de la Conception...	73 20	15 40	11 40	6555
	Puits Adèle..........................	76 60	8 60	14 80	5819
Concession de Montjean	Anthracite de St-Lambert.......	72 50	10 50	17 00	6350
	Veine du Vallon....................	72 10	16 00	11 90	6647
Concession de Doué.	Puits de Minierès..................	53 50	38 50	8 00	6578

(1) On entend par calorie l'unité calorifique déterminée par l'échauffement de 1 degré, d'un poids d'eau égal à celui du combustible brûlé.

(2) Les couches exploitées aujourd'hui dans la concession de Désert sont les mêmes que celles de Layon-et-Loire.

D'après des essais théoriques faits au calorimètre sur les différentes natures de charbons de toute provenance, on a trouvé que la houille donnait pour calorie des nombres variant entre 3,800 minimum, et 7,000 maximum, d'où il résulte que les charbons ci-dessus de 6,650 moyenne à 6,877 maximum sont généralement des charbons développant un grand degré de chaleur.

Si je compare les charbons de l'ouest de la France à certaines qualités du Nord, du Pas-de-Calais, du centre de la France et d'Angleterre, je trouve que les charbons qui s'en rapprochent le plus par leur analyse, sont ceux figurant au tableau ci-dessous :

	Provenance	Carbone	Matières volatiles	Cendres	Calories (1)
Concession d'Anzin (Nord).	Houille demi-grasse, veine La Cave....................	82 90	11 40	5 70	
	Grasse, fosse Davy..................	81 10	12 40	6 50	
	Houille sèche, vieille machine....................	86 39	7 71	5 90	
Bassin du Pas-de-Calais (2)	Bruay, demi-gras....................	79 86	17 44	2 70	6750
	Marles....................	79 64	16 56	3 80	
Bassin du centre de la France (3).	Blanzy....................	75 43	22 29	2 28	
	Houille de Géral....................	74 35	13 79	11 86	
Anglais.	Houille d'Hartley....................	78 35	20 15	1 50	

(1) Le nombre de calories de ces charbons varie entre 6,000 et 7,000.

(2) Ces charbons contiennent moins de cendres que ceux de l'ouest de la France.

(3) Beaucoup de rapport pour la proportion de cendres.

J'ai cherché, pour faire la comparaison, les houilles donnant une quantité de carbone se rapprochant le plus de celle contenue dans les charbons de l'ouest de la France.

On remarquera que la quantité de cendres est plus forte dans les charbons de l'ouest, mais il faut tenir compte de la circonstance suivante, c'est que les charbons de l'ouest de la France étant généralement plus friables que ceux du nord, ils contiennent naturellement de petites parties schisteuses qui entrent dans l'analyse, tandis que ceux des bassins du nord étant moins friables, l'analyse repose sur des échantillons dégagés de parties terreuses.

Mais, en résumé, cette comparaison entre les charbons de la zône dont je m'occupe en ce moment et ceux du nord et du Pas-de-Calais, indique qu'ils peuvent être employés avec avantage à bien des industries, si surtout on en faisait des charbons à l'état de *fines lavées*, et si avec les fines on composait des briquettes, comme déjà les concessionnaires de la mine de Désert dans la vallée de la Loire l'ont fait. Je reviendrai plus loin sur ce sujet.

Ayant ainsi analysé le gisement carbonifère de l'ouest de la France sous le rapport géologique, et sous celui de la composition chimique et calorifique de ses produits, il me reste à traiter la question industrielle.

Il serait beaucoup trop long d'entrer dans les détails de chaque concession ou exploitation de mines, j'envisagerai donc la question sous un point de vue d'ensemble, en signalant les faits principaux.

Du nombre des concessions accordées dans cette zône carbonifère.

Le terrain carbonifère, dont je viens de donner la description, est divisé en 12 concessions accordées avant et après la loi du 21 avril 1810 sur les mines.

Ces 12 concessions se divisent comme suit, en partant des environs de Nantes.

Concessions de :

Nort et Languin........ .... exploitée par une société séparée ;
Montrelais...........................) exploitées par la Société des Mines de
Mouzeil................................)   Montrelais.
Montjean.............................. Société de Montjean ;
Saint-Germain....................... Concession abandonnée ;
Layon-et-Loire....................... Société anonyme de Layon-et-Loire ;

St-Georges-sur-Loire.. ....\
Désert .... \
Chaudefonds et St-Lambert. } Ces six concessions ont été réunies
Beaulieu....................... } en une seule main, par les concession-
St-Georges-Chatelaison........ / naires de Désert.
Doué ..../

Origine des premiers travaux importants.

Les affleurements des couches se montrant surtout à la surface dans les concessions de Montrelais et Monzeil, Montjean, Layon et Loire et Saint-Georges-Chatelaison, les premières mines de ces localités remontent à des temps assez reculés. Car déjà, de 1750 à 1765, les mines de Montjean, avaient une certaine importance ; il en était de même des mines de Layon-et-Loire qui annonçaient, dès cette époque, une richesse qui a été constatée plus tard par un puits dit du Vouzeau qui a fait la fortune de l'ancien propriétaire ; il en était de même aussi aux mines de Montrelais, Mouzeil, et Saint-Georges-Chatelaison, qui commençaient à annoncer leur avenir.

Premiers travaux importants à Montjean.

De 1805 à 1806, des travaux importants furent entrepris sous la direction d'un M. Mathieu, habile directeur qui, à l'aide d'ouvriers belges, donna une grande extension aux mines de Montjean. En 1823 ces mines avaient acquis un grand développement car elle furent vendues sur le pied de 2,000,000. A peu près à la même époque les mines de Saint-Georges Chatelaison donnaient également de beaux résultats à l'aide d'un puits qui portait le nom de puits Solitaire.

Vers 1830, les mines de Layon-et-Loire, Montrelais, Mouzeil étaient également florissantes.

Importance des mines de Layon-et-Loire.

De 1840 à 1850 les mines de Layon-et-Loire produisaient à elles seules plus de la moitié de l'extraction de toutes les mines de Maine-et-Loire, et une année même, la production de ces mines s'est élevée j'usqu'à 300,000 hectolitres, ce qui était considéré comme une production très importante pour des mines de cette contrée.

Origine des mines de Désert.

C'est dans cet intervalle de temps que des recherches par sondages furent entreprises dans la vallée de la Loire, tant au Nord de la concession de Layon-et-Loire que de la concession de Montjean, et que la rencontre du prolongement des couches de ces deux concessions donna lieu, soit à des concessions nouvelles (la concession de Désert), soit à des accroissements de concession comme à Montjean, dans la vallée de la Loire; c'est-à-dire en des points où les affleurements ne se montrent pas à la surface.

Depuis 1850 jusqu'à ces derniers temps, ce sont surtout les mines de la concession de Désert qui furent le plus développées, car nous avons déjà vu, en parlant de l'allure des couches sous le bassin de la Loire, que le puits n° 2, de la concession de Désert, a pénétré jusqu'à la profondeur de 585 mètres, soit environ 570 mètres au-dessous du niveau de la mer ; c'est la plus grande profondeur atteinte jusqu'à ce jour dans les mines de l'ouest de la France.

Dans le nord, aux mines d'Anzin, le puits le plus profond a atteint 700 mètres, soit environ 675 au-dessous du niveau de la mer; on a donc atteint à Anzin un niveau de 105 inférieur à celui de la mine de Désert.

Importance des travaux de Désert.

Le puits de 585 mètres de la mine de Désert; réuni à un puits n° 1, très profond également, a donné lieu à un grand développement de travaux, dans les plus riches gisements du bassin, tels que les veines des trois filons, la grande et la petite veine du Vouzeau, les veines du Chêne, les veines Goismard, grande et petite veine, et le système des Bourgognes et du Poirier Samson ; enfin un puits n° 3 était destiné à l'exploitation du système des Noulis.

Cette courte analyse suffit pour démontrer le grand développement imprimé aux travaux de la concession de Désert, pendant l'espace de 20 à 25 années.

Aujourd'hui quelques uns de ces travaux, devenus difficiles et coûteux par suite de l'extraction des eaux, sont en partie abandonnés.

Pendant que les concessionnaires de Désert se livraient ainsi sous la vallée de la Loire à une large exploitation, les mines de Montjean et de Layon-et-Loire restaient en quelque sorte stationnaires, sans donner de bénéfices notables pendant près de 15 ans ; mais elles se préparaient peu à peu, de manière à se trouver en pleine exploitation au moment où les mines de Désert commenceraient à faiblir.

Et c'est en effet ce qui arrive aujourd'hui.

Importance des derniers travaux de Montjean.

Ainsi à Montjean, d'après un rapport dont j'ai eu connaissance dans ces derniers temps, un puits nouveau, dit puits de la Loire, entrepris en 1854 et ayant une profondeur de 204 mètres, a rencontré les meilleures couches du pays, pouvant fournir des charbons de forge et de grille, et si ce puits est exploité avec toute la prudence que réclame le voisinage de la Loire, sa force productive peut être évaluée dit-on, à 200.000 hectolitres par an.

Importance des derniers travaux de Layon-et-Loire.

Il en est de même des mines de Layon-et-Loire qui, par un puits désigné sous le nom de puits Sainte-Barbe ont mis à découvert, au seul niveau de 210 mètres, un massif de près de 200,000 hectolitres dans les couches du système Goismard, et qui par un autre puits *dit des Malecots*, préparent depuis près de 25 ans un large champ d'exploitation dans le système des veines du Vouzeau, et ce même puits pourra préparer plus tard un champ d'exploitation non moins vaste, dans l'aval pendage des couches, des systèmes du Chêne, Goismard et des Bourgognes, dans la partie est de la concession, comprise entre le bras de Loire, dit le Louet, et la rivière du Layon. On pourra même par ce puits rejoindre un jour les veines de Bel-Air, situées plus au nord.

Ce court résumé des travaux exécutés dans le bassin de Maine-et-Loire et de la Loire-Inférieure depuis 1750, jusqu'à 1873, c'est-à-dire dans l'espace de plus de 120 ans, démontre l'importance relative de ce centre carbonifère, puisque des concessions, déjà exploitées depuis plus d'un siècle, donnent encore lieu à la découverte d'importants gisements.

Mode d'exploitation.

Ayant ainsi analysé d'une manière générale la nature des combustibles et l'avenir encore brillant des différentes concessions du bassin carbonifère de la Basse-Loire, je dois dire quelques mots sur le mode d'exploitation généralement suivi dans les différentes mines de ce bassin.

Inclinaison variable des couches.

Comme nous l'avons vu par la description géologique, les couches ont une inclinaison qui varie entre 30, 40, 45° jusqu'à la verticale.

Type d'exploitation, et galerie horizontale d'écoulement.

Si je prends pour type d'exploitation trois puits, situés pour ainsi dire sur une même ligne, du sud au nord, à savoir : le puits Ste-Barbe, concession de Layon-et-Loire, le puits n° 1, et le puits n° 2, concession de Désert, et en ne tenant compte par des chiffres que de deux profondeurs, celle de 77 mètres, à laquelle le puits Ste-Barbe a rencontré les veines Goismard et celle de 585, profondeur à laquelle le puits n° 2 de Désert a poursuivi les mêmes couches, je trouve dans ces trois puits tous les genres d'exploitation pratiqués dans les mines de l'ouest, et toutes les difficultés inhérentes à de semblables exploitations, ajoutant à ces trois puits l'exemple de la galerie horizontale au dessus du niveau des grandes eaux de la Loire, dite galerie du Roc, et par laquelle ont été exploitées les parties supérieures des couches Goismard, à l'aide d'un manége intérieur, on a le complément des exemples d'exploitation du pays.

Ainsi, on a eu dans la galerie du Roc, les couches avec une inclinaison moyenne de 30°, au puits Ste-Barbe avec une inclinaison de 40 à 45°, au puits n° 1 de Désert, avec une inclinaison 60 à 70°, et au puits n° 2, avec une inclinaison de 80° à 90° et la verticale.

Couches en renflements lenticulaires horizontaux avec grisou.

Enfin, dans le système des veines des Bourgognes atteint d'abord par les puits du Bocage et de la Coulée, puis par le puits Ste-Barbe, et ensuite par le puits n° 1, et enfin par le puits n° 2, on a des veines présentant toutes les inclinaisons, et même des parties horizontales avec renflements lenticulaires connus sous le nom de plateuses, d'une exploitation rendue difficile par suite de l'abondance du gaz hydrogène carboné ou grisou.

Des parties stériles connues sous le nom de crains ou crans.

Si l'on ajoute à cette description, que très souvent les différentes couches de ce bassin présentent des solutions de continuité parfois très longues, et connues sous le nom de *crains* ou *crans*, suivant l'expression du Nord, que les crains sont accompagnés de nombreux rejettements, soit au nord soit au sud, donnant lieu parfois à des sources d'eau assez abondantes, qui viennent entraver l'exploitation, on verra que l'ensemble de ces puits présente, réunis, tous les genres d'exploitation qu'on peut imaginer dans l'art des mines, avec toutes les difficultés produites par la présence du grisou, des eaux, etc., etc.

Foncement des puits dans les sables éminemment aquifères.

C'esi ici, en parlant des eaux, qu'il convient de signaler une grande difficulté qui se présente pour le foncement des 20 à 30 premiers mètres de puits dans la vallée de la Loire.

Le terrain houiller, dans la vallée de la Loire, est surmonté par un banc de sable ou alluvions, de 20 à 22 mètres d'épaisseur ; banc essentiellement aquifère, car ce n'est autre chose que le lit même de la Loire rempli de sables.

Pour traverser ces 20 à 22 mètres de sables, et pour fixer le puits au terrain solide, on a recours à un procédé très ingénieux, inventé par M. Triger, ingénieur civil, que j'ai beaucoup connu.

De l'air comprimé faisant équilibre à la colonne d'eau.

Ce procédé consiste à enfoncer dans le banc de sable, à l'aide d'un mouton, un tube de tôle d'un grand diamètre, 2 mètres par exemple ; quand un premier manchon de 4 à 5 mètres est enfoncé, on en rive un second, et ainsi de suite jusqu'au terrain solide, mais la difficulté consiste surtout à travailler dans l'intérieur de ce tube sans être gêné par les eaux. Pour cela, à la partie supérieure du tube, on fixe une boîte en tôle à double compartiment, dans laquelle on comprime l'air de manière à faire équilibre à la colonne d'eau, et à l'aide du double compartiment de la boîte, les ouvriers peuvent passer de l'air libre dans l'air comprimé qui remplit le puits ; par ce moyen ils peuvent faire sortir les déblais par la boîte, et creuser jusqu'au fond de manière à exécuter le cuvelage destiné à relier le tube en tôle au terrain solide.

Ouvriers soumis à une pression de 3 atmosphères 1/4.

Mais comme on le comprend bien, pour faire équilibre à la colonne d'eau du banc de sable de 22 mètres, augmentée d'environ 8 mètres représentant la hauteur du cuvelage, il faut comprimer l'air jusqu'à 3 atmosphères 1/4, et soumettre à cette pression des ouvriers qui parfois ne peuvent y résister, et dont la santé se trouve souvent altérée à la suite de semblables travaux. Ce n'est donc qu'à l'aide de grands sacrifices d'argent, que de semblables travaux peuvent être exécutés.

De l'exploitation proprement dite des couches.

Quand les couches de combustible ont été atteintes, soit directement par les puits, soit à l'aide de galeries à travers bancs ou coupements, on y pousse des galeries horizontales avec une faible pente de 1 à 2 centimètres par mètre pour faciliter l'écoulement des eaux et le roulage par chemin de fer, galeries dirigées suivant la direction même des couches, et dites galeries d'exploitation.

Dans les couches qui nous occupent, ces galeries accompagnées de leurs conduits d'aérage, doivent être poussées à de grandes distances, tant à travers les couches régulières, qu'à travers les crains, de manière à ce que l'exploitation ne puisse pas être entravée plus tard par la rencontre des parties stériles.

Quand ces travaux préparatoires sont faits, on commence l'exploitation des tailles par gradins renversés, et lorsque les veines, comme celles du système Goismard, sont séparées l'une de l'autre par un banc de schiste intermédiaire peu épais, on se sert de cette roche pour opérer les remblais.

Les massifs sont divisés par étages.

Les massifs inclinés sont divisés par étages, lesquels sont reliés entre eux par des cheminées ou galeries, suivant l'inclinaison des couches, et par lesquelles on précipite les charbons abattus sur les voies principales de roulage, où des chariots les prennent pour les conduire au puits d'extraction, par lesquels ils sont montés à la surface à l'aide de machines à vapeur plus ou moins puissantes, suivant la profondeur des puits et les quantités d'eau à extraire.

Extraction des eaux à l'aide de pompes puissantes.

Dans certains cas, comme aux mines de Désert, des machines à vapeur spéciales servent à la manœuvre de pompes puissantes destinées à l'extraction des eaux.

Résumé des difficultés inhérentes aux exploitations du bassin de la Basse-Loire.

Cette description abrégée de l'exploitation dans les trois systèmes de couches les plus importantes de cette zône carbonifère, démontre toutes les difficultés qu'on rencontre pour retirer des entrailles de la terre ce précieux combustible. Ces expressions, *entrailles de la terre*, sont peut-être un peu prétentieuses, si l'on compare des puits de 5, 6, 7 et même 800 mètres de profondeur, comme à Anzin, *à la masse de la terre*, car on est obligé de reconnaître que ces puits effleurent seulement la surface du globe.

Comparaison des plus grandes profondeurs des puits de mines à la masse du globe.

En effet, on a calculé qu'un puits de 800 mètres : au diamètre de la terre :: un trou d'aiguille dans une feuille de papier à lettre recouvrant un globe d'un mètre de diamètre : ce globe.

C'est-à-dire que nos travaux de mines les plus profonds

sont des infiniments petits, par rapport à la surface et·au diamètre de la terre ; et cependant, il faut le reconnaître, ce sont pour les hommes des travaux gigantesques.

Ayant ainsi démontré toutes les difficultés d'exploitation inhérentes à cette zône carbonifère, je vais en donner une autre preuve par quelques chiffres très simples.

Démonstration des difficultés par le prix de revient des charbons.

Dans toute industrie, et surtout dans les mines, c'est le prix de revient qui est la base de tout calcul.

Dans les mines de la Basse-Loire, toutes les évaluations, tous les calculs se font par le *nombre d'hectolitres* extraits et vendus. C'est donc sur l'hectolitre que je baserai mes calculs (il faut en moyenne 11 hectolitres pour une tonne de 1,000 kil.).

Obtenir du charbon à un prix de revient modéré, tel est le but vers lequel on doit viser dans toutes les mines, et surtout dans celles de la Basse-Loire. Malheureusement, les eaux, le grisou, les incendies dans certains puits, les nombreuses roches stériles à traverser, etc., etc., sont autant de causes qui viennent trop souvent déjouer les calculs.

Des prix de vente.

Dans ces dernières années, le prix de revient dans la Basse-Loire a été généralement élevé, variant entre 1 fr. et 1 fr. 50 soit une moyenne de 1 fr. 25.

Quant au prix de vente, par suite d'une concurrence déplorable entre les différents exploitants de ce bassin, par suite de la concurrence des charbons Anglais remontant la Loire par St-Nazaire et Nantes, des charbons du centre de la France, d'Auvergne et de la Creuse, descendant facilement à

Angers par la Loire également, le prix de vente, qui autrefois
était de 2 fr. par hectolitre, a varié entre entre 1 fr. 50, et
1 fr. 70, soit une moyenne de .... Fr. 1, 60
d'où retranchant le prix de revient ci-dessus .... » 1, 25

on obtieht pour latitude de bénéfices .... Fr. 0, 35 .

ce qui est minime en présence d'une production relativement faible.

En effet, dans ces dernières années, la moyenne de la production des mines de la Basse-Loire a été d'environ, 500,000
hectolitres par an. Ce qui, à 0, 35 par hectolitre, ne représente pas un bénéfice de plus de 175,000 fr. pour toutes les
exploitations.

Bénéfice très minime par rapport au Capital engagé.

Le capital engagé en ce moment dans toutes les mines de
la Basse-Loire pouvant être évalué approximativement en
chiffre rond à 6 millions environ, il en résulte que le bénéfice de 175,000 fr. ne représente pas même l'intérêt à 3 0/0
du capital engagé.

Il convient de dire ici que le bénéfice de 175,000 fr. environ ne s'est pas trouvé réparti également sur toutes les
exploitations, et que certaines sociétés en ont eu une part
plus grande que d'autres, car quelques compagnies, depuis
bien des années déjà, n'ont pas donné de dividende à leurs
actionnaires, et ont même eu de la peine à verser au fonds
de réserve la somme exigée annuellement par leurs statuts.

Les mines de la Basse-Loire sont une cause de richesse
pour la contrée.

Comme on le voit, les mines de la Basse-Loire, dans ces
dernières années surtout, n'ont pas été dans un état floris-
sant, mais si elles n'ont pas donné de résultat à leurs actionnaires, elles ont continué à faire du bien autour d'elles.

1° En faisant vivre un nombreux personnel, près d'un millier d'ouvriers, mineurs et autres.

2° En enrichissant un grand nombre de fabricants de chaux des environs.

3° En procurant à ces derniers les moyens d'améliorer l'agriculture par des amendements par la chaux.

A ces trois points de vue, les mines de la Basse-Loire sont des plus méritantes.

De la zône calcaire accompagnant la zône carbonifère. — Des terres argileuses de la Vendée et des départements voisins.

C'est ici qu'il convient de dire quelques mots sur l'industrie principale alimentée par ces mines.

Comme nous l'avons vu sur la carte géologique de la zône carbonifère, en partant de Doué près Saumur, on rencontre le terrain jurassique qui donne un calcaire très estimé pour la fabrication de la chaux hydraulique.

En gagnant vers Beaulieu et le Pont-Barré on rencontre, au nord de la zône carbonifère, un long noyau de calcaire de transition au milieu d'amphibolites.

Plus loin, entre Saint-Lambert et Chaudefonds, aux environs du vieux château de la Frenaye et au sud de la zône carbonifère, prend naissance une zône de calcaire de transition d'une grande pureté, un véritable marbre gris-bleuâtre donnant de la chaux grasse de première qualité. Cette zône calcaire prend un grand développement aux environs de Chaudefonds, se continue avec une puissance assez régulière jusqu'à Château-Panne, en passant par Chalonnes-sur-Loire, acquiert un grand développement en face de Montjean, et va se terminer en pointe aux environs de la Pommeraye.

Cette zône reprend encore un grand développement sur la rive gauche de la Loire, en face d'Ingrandes et Ancenis (Loire-Inférieure).

Enfin sur les confins du département de la Vendée, dans la commune de Chalans, arrondissement des Sables-d'Olonne, il existe des bancs de calcaire d'une autre nature, également propres à la fabrication de la chaux.

Ainsi, depuis Doué (Maine-et-Loire), naissance de la zône carbonifère, jusqu'au-delà de Nantes ; au sud de cette zône, il existe un banc presque continu de calcaire propre à la fabrication de la chaux grasse, très convenable pour l'amendement des terres.

Amélioration de ces terres par des composts dans lesquels entre la chaux.

Au sud de cette zône calcaire on rencontre en Maine-et-Loire, les Deux Sèvres, la Loire-Inférieure et la Vendée, des terrains argileux et froids qui, pour être cultivés d'une manière productive, ont besoin d'être amendés par la chaux, ou mieux par des composts composés de chaux, de curures d'étables et de fossés, et c'est à l'aide de ces composts que ces terrains, autrefois pour ainsi dire improductifs, sont amenés aujourd'hui à produire ces choux gigantesques désignés sous les noms de Brassica-Oleracea, Brassica-Viridis qui, contenant beaucoup de phosphate de chaux, ne peuvent acquérir un semblable développement qu'à l'aide de ces composts riches en phosphate, par suite du mélange de la chaux avec les produits des étables. Or, l'énorme quantité de chaux employée ainsi en agriculture provient toute de la zône calcaire décrite plus haut et dont l'acide carbonique a été chassé par les charbons de la zône anthraxifère, éminemment propres à la cuisson de cette roche.

Prévoyance de la nature mise à profit par les observations et le travail de l'homme.

Ainsi la nature, dans cette contrée, a placé au sud, des terres provenant de débris de roches primitives, et par suite

très argileuses ; plus au nord elle a placé des bancs cal-
caires qui, à leur état naturel, ne sauraient être d'aucune
utilité à la fécondation des terres argileuses. Mais plus au nord
encore, elle a placé un terrain charbonneux, dont les produits servent à transformer cette roche à l'état de chaux pouvant se réduire en poudre fine au contact de l'humidité. Il y
a donc là, en quelque sorte, une prévoyance de la nature, dont
l'homme, dirigé par son esprit d'observation, a su profiter
pour rendre très productives des terres naguère incultes, et
faire croître en abondance la nourriture favorite des bœufs
des environs de Cholet, Bressuire, Napoléon-Vendée, etc.,
qu'on admire au marché de Poissy et autres.

Emploi principal des charbons de la zône de la Basse-Loire.

De tout ce qui précède, il résulte que la majeure partie
des charbons provenant de la zône carbonifère de la Basse-
Loire a été employée jusqu'ici à la fabrication de la chaux,
qui a pris dans ces contrées une extension considérable.
Les fours à chaux, très nombreux dans ces localités, ne res-
semblent en rien à ceux que nous voyons dans la Seine-Infé-
rieure. Ce sont en quelque sorte de véritables hauts fourneaux
à très large diamètre, qu'on allume dès le mois de Mars,
pour ne les éteindre qu'à l'époque des derniers labours, en
Octobre et Novembre. Et pendant les saisons du printemps
et d'été, ce sont, sur toutes les routes conduisant vers le département de la Vendée, des processions continuelles de
charrettes, voyageant jour et nuit pour aller puiser de l'engrais à ces nombreux fours à chaux.

*Les mines travaillent surtout au profit des chaufourniers et de
l'agriculture.*

A voir une semblable activité, on pourrait croire que les
mines doivent faire de beaux bénéfices, mais comme nous
l'avons vu plus haut, il est loin d'en être ainsi, et la plupart
des actionnaires, comme on le dit vulgairement, ne travail-

lent que pour la gloire. Mais en revanche, presque tous les fabricants de chaux font généralement fortune, et l'agriculture tire le meilleur profit des zones calcaire et carbonifère qui les avoisinent.

Il serait bien temps cependant que les mines, sans rançonner les fabricants de chaux et les agriculteurs, pussent profiter des circonstances actuelles pour réaliser au moins l'intérêt à 6 0/0 de leur capital social.

Des moyens d'arriver à la réalisation de quelques bénéfices.

Pour atteindre ce but, il suffirait de pousser un peu plus largement la production, ce qui réduirait naturellement le prix de revient, et de relever un peu le prix des charbons, en le portant à 2 francs par exemple par hectolitre, prix normal avant 1840, et qui en définitive porte le prix de la tonne à 22 francs, ce qui n'est pas exagéré dans les circonstances actuelles, c'est-à-dire en présence du prix des charbons anglais qui a pour ainsi dire doublé depuis un an, et en présence du prix des charbons du Nord et du Pas-de-Calais qui, de 14 et 15 francs la tonne au commencement de 1872, est monté successivement à 20 et 25 francs, et tend à monter peu à peu jusqu'à 30 et 35 francs en 1873.

Les mines de la Basse-Loire en portant, par exemple, leur extraction de 500,000 à 600,000 hectolitres, peuvent certainement arriver à un prix de revient de 1 fr. 20 qui, avec un prix de vente de 2 francs, donne pour bénéfice une latitude de 80 centimes, produisant sur les 600,000 hectolitres un bénéfice de.. Fr. 480,000
d'où à prélever pour fonds de réserve et pour
faire face aux éventualités, environ..................... » 120,000

reste net .... Fr. 360,000
représentant, à 6 0/0, l'intérêt des six millions engagés dans les mines de la Basse-Loire ; et certes cet intérêt de 6 0/0 semblera bien légitime pour tout le monde, quand on saura que

certaines mines, depuis sept à huit ans, n'ont pas versé un centime de dividende à leurs actionnaires.

L'avenir des mines de la Basse-Loire semble s'annoncer sous un aspect favorable.

En effet : 1° Nous avons vu que dans la plupart des mines du bassin, les travaux sont assez largement développés pour atteindre une production plus grande ;

2° Qu'en augmentant la production on arrive naturellement à réduire le prix de revient.

3° Qu'en présence de l'augmentation toujours croissante du prix des charbons anglais et autres, l'augmentation dans les mêmes proportions devient naturelle pour les charbons de la Basse-Loire, et que l'ancien prix de 2 fr. l'hectolitre pourrait au moins assurer quelques bénéfices.

Mais dira-t-on si la production des mines augmente, et que le nombre des fours à chaux n'augmente pas, où cet excédent de charbons, éminemment propres à la cuisson de la chaux, trouvera-t-il un débouché ?

La réponse est facile.

Nous avons vu, par le tableau d'analyses en tête de la partie industrielle de cette notice, que les charbons de ces mines peuvent, par leur quantité de carbone et par le nombre des calories, rivaliser avec ceux des mines du Nord, du Pas-de-Calais et même avec certaines qualités d'Angleterre, et qu'ils péchent seulement par une quantité un peu plus grande de cendres, dues à quelques parties terreuses disséminées dans les menus. Mais ce dernier inconvénient peut disparaître par un lavage que la proximité de la Loire rend des plus facile, et j'ai la conviction que les menus de certaines veines, de la grande veine Goismard par exemple, rendus à l'état *de fines lavées,* comme le font plusieurs mines du Pas-de-Calais qui exploitent des charbons un peu schisteux, produiraient un charbon de première qualité pour la forge.

Déjà quelques mines de la Basse-Loire, suivant le progrès, transforment leurs menus en briquettes ou agglomérés, comme on le fait au Havre avec les fines Cardiff, comme on le fait à Anzin et à Somain, dans le nord, avec les fines ; et trouvent ainsi de nouveaux débouchés.

En résumé l'avenir des mines de la Basse-Loire tend à s'améliorer, et il faut espérer que peu à peu toutes imiteront ces bons exemples, et qu'en fournissant un aliment aux machines à vapeur fixes et aux machines locomotives, elles accroîtront, dans de notables proportions, leur production et réaliseront enfin des bénéfices capables de donner à leurs actionnaires la satisfaction si bien méritée par une aussi longue persévérance.

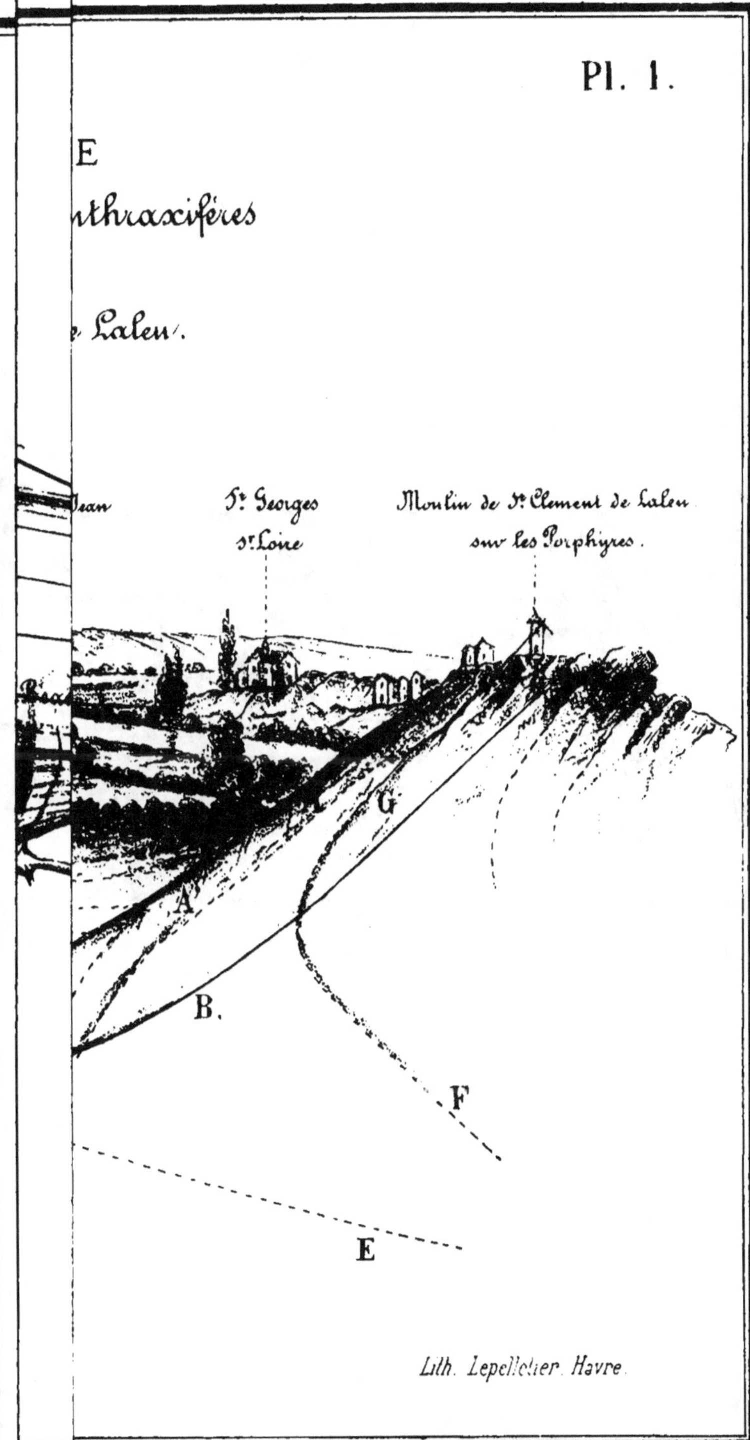
Pl. 1.
E
nthraxifères
e Laleu.
Jean
St. Georges
St. Loue
Moulin de St. Clement de Laleu
sur les Porphyres.
G
A.
B.
F
E
Lith. Lepellelier. Havre.

Pl. 1.

CARTE GÉOLOGIQUE
de la Zône Anthraxifère de la Basse-Loire
depuis le pont Barré
jusqu'à CHALONNES, sur Loire (Maine et Loire)
FIG. 1.

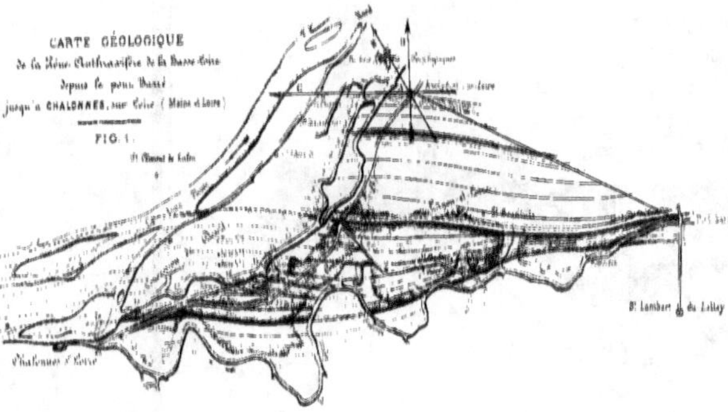

COUPE EN PERSPECTIVE
Représentant l'indication des Couches Anthraxifères
sous le Bassin de la Loire
entre le Château des Moulins à St Clément de Cislon.
FIG. 2

Château des
Moulins
Mines de
Cigogne et Loire
Mines de
d'Vern
Chalonnes
d'Vern
Montdien
St Georges
d'Vern
Moulin de St Clément de Cislon
aux les Porphyres

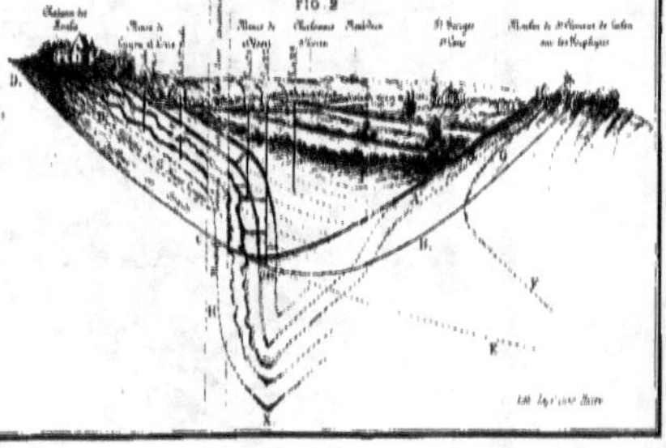

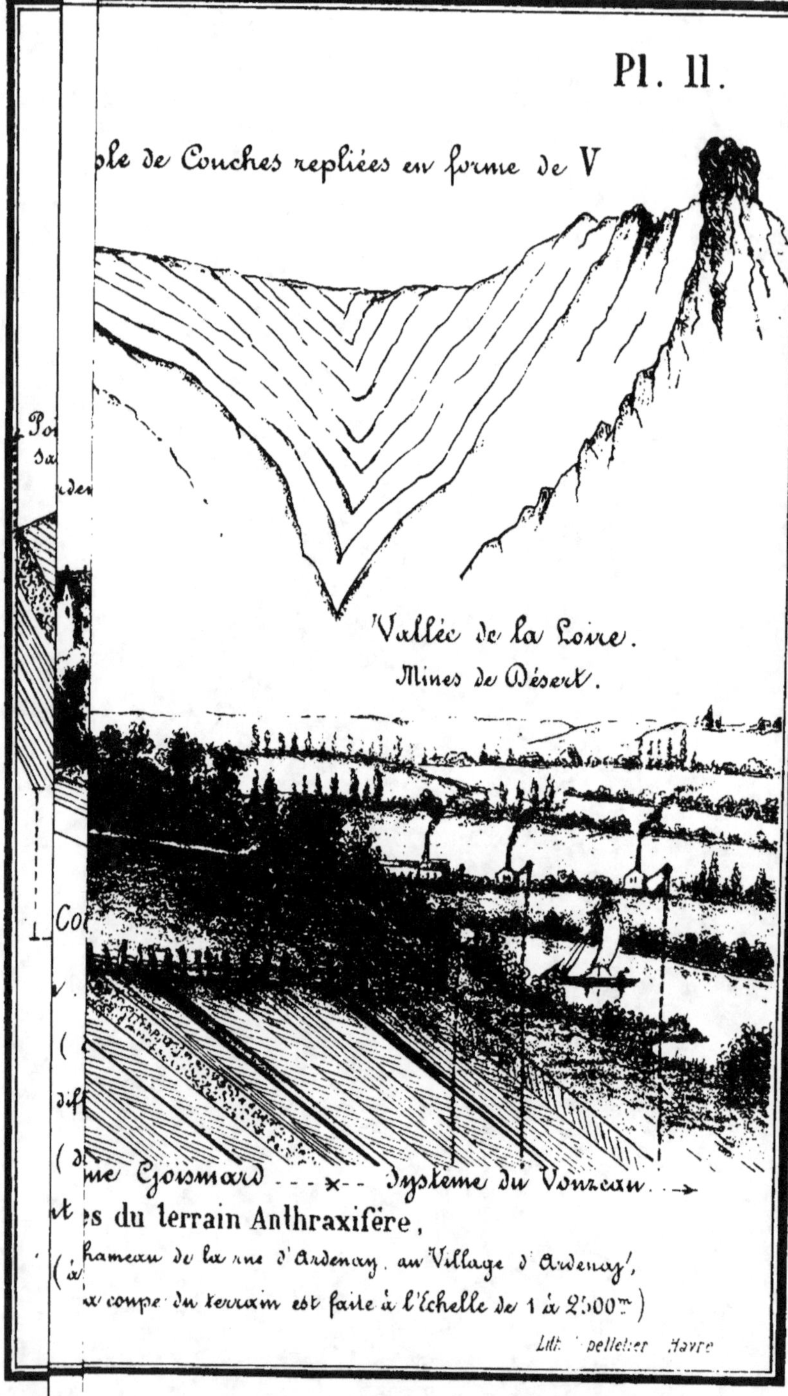
Pl. 11.
...ple de Couches repliées en forme de V
Vallée de la Loire.
Mines de Désert.
...me Goismard --- x --- Système du Vouzeau --->
...es du terrain Anthraxifère,
...hameau de la rue d'Ardenay au Village d'Ardenay,
...a coupe du terrain est faite à l'Echelle de 1 à 2500ᵐ)
Lith. pelletier Havre

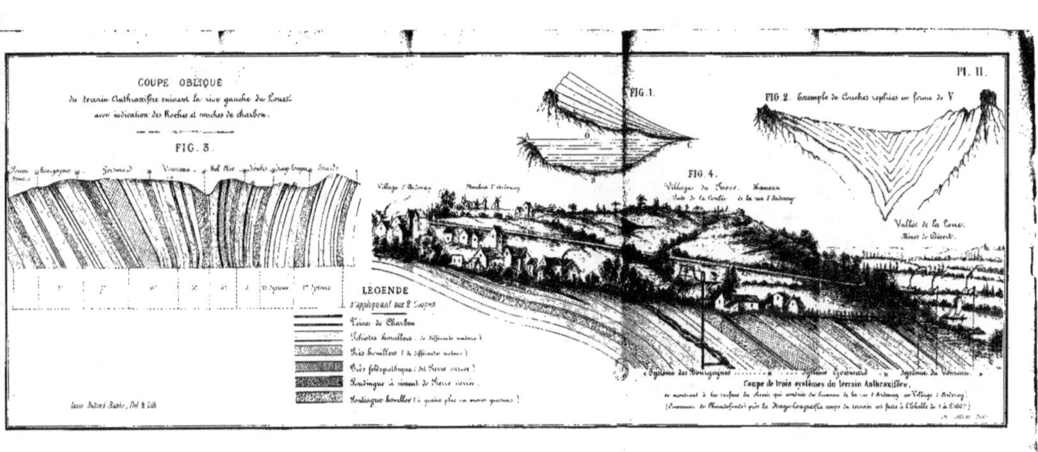

PL. II.
COUPE OBLIQUE
du terrain Anthraxifère suivant la rive gauche du Louet
avec indication des Roches et couches de charbon.
FIG. 3.
FIG. 1.
FIG. 2. Exemple de Couches repliées en forme de V
FIG. 4.
Village d'Ardenay
Moulins d'Ardenay
Village du Faros
Vallée de la Loire
LÉGENDE
s'appliquant aux 2 Coupes
Veine de Charbon
Coupe de trois systèmes du terrain Anthraxifère.